"算出"数学思维

极限运动

Extreme Sports

[英]希拉里·科尔 [英]史蒂夫·米尔斯 著

王博 译

海峡出版发行集团 | 海峡书局

目录

算一算

利用你的数学技能来探索极限运动的精彩世界，解决难题，一路过关斩将，你将成为一名一流的体育记者！

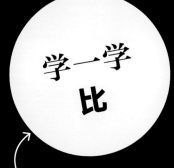

学一学
比

这个部分将带你了解完成各项任务所需的数学思维。

> 算一算

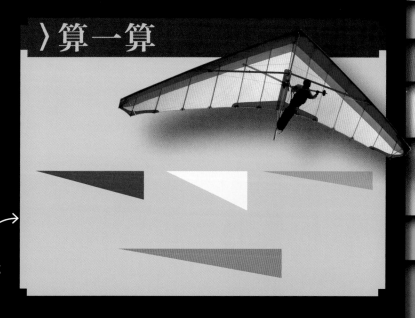

这个部分通过实际例子来检验你刚刚学到的数学知识。

参考答案

这里给出了"算一算"部分的答案。翻到第 28—31 页就可验证答案。

在本书中，有些问题需要借助计算器来解答。可以询问老师或者查阅资料，了解怎样使用计算器。

你需要准备哪些文具？

笔

笔记本

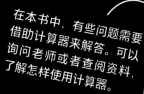
量角器

直尺

天空跑

你的第一项任务是到世界上的一些高山上尝试天空跑。这项极限运动是在海拔超过 2000 米的地方与其他参赛者进行赛跑。在本赛季，你的每场比赛都会得到积分，最后你要将这些积分加起来。

学一学 心算加法

用心算计算加法有很多种方法。你试过吗？

可以寻找那些相加和为 10 或 10 的倍数的数，如 7+3，36+14，88+12 等。

$$36 + 38 + 34 + 32 + 30 = 70 + 70 + 30 = 170$$

另一种方法是把十位和个位数各自相加，在个位数数值很小的情况下，这个方法特别有用。例如，要得到 40，42，31，62，51 的和，先算出 40，40，30，60，50 的和等于 220，再加上 2，1，2，1 得到 226。

如果几个数非常接近，就用乘法。例如，要得到 44，46，44，46，48 的和，你可以把它们都先看成 44，然后用 5 乘 44，也就是 $40 × 5 = 200$，再加上 $4 × 5 = 20$，得 220。然后将原始数与 44 的差相加，即 $2 + 2 + 4 = 8$，用 220 加 8，得出和为 228。

还可以先把两位数四舍五入到和它最接近的整十数。例如一个两位数，如果个位数大于或等于 5，则向前进一位，再把它改写成 0；如果个位数小于 5，则直接把它改写成 0。因此，88 将四舍五入为 90，而 61 将四舍五入为 60。然后再写下每个数比它最接近的整十数大多少或小多少：

88 比 90 少 2，我们可以写成 −2；61 比 60 多 1，我们可以写成 +1。

例如，要计算 34，88，61，27，59 的和，首先将 30，90，60，30，60 相加，等于 270，然后进行校正：+4，−2，+1，−3，−1，得到最终答案为 269。

〉算一算

在天空跑的每个赛季中，参赛者至少参加五场比赛，并根据他们的完成情况获得积分：第一名积 100 分，第二名积 88 分，第三名积 78 分，到第四十名时只能积 2 分。选取每个参赛者最佳的四次成绩相加，总分最高的选手将获得冠军。

比赛	参赛者					
	山姆	乔	弗朗西斯	阿里	亚历克斯	杰米
比赛1，西班牙，5月25日	88	78	66	100	2	20
比赛2，意大利，6月21日	78	100	66	42	88	64
比赛3，瑞士，8月10日	64	54	64	6	78	4
比赛4，瑞士，8月28日	88	38	62	74	100	78
比赛5，意大利，10月10日	78	100	68	64	88	82

1 运用上面列举的任意一种心算方法，计算出弗朗西斯五场比赛的积分总和。

2 请算出杰米五次积分的总和。弗朗西斯和杰米的五场比赛，谁总积分更高？

3 写出每名参赛者的最低分数。

4 去掉每名参赛者的最低分，即选取他们最好的四个积分，求出每名参赛者的总积分。

5 根据上题，哪名参赛者的总积分最高，获得了冠军？

钢架雪车

现在你要了解的是钢架雪车。在这项危险的体育运动中，你要俯卧在一种没有刹车的特制小型雪橇上，沿着冰面高速滑行。你的鼻子离地面竟只有几厘米！

学一学 小数

小数是分数的另一种形式。

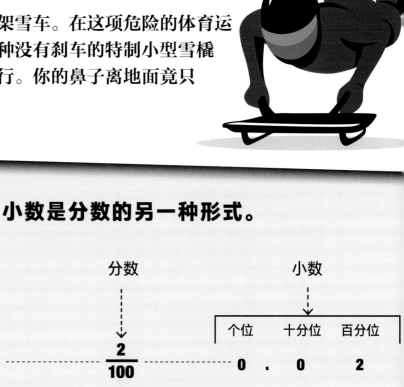

	分数			小数	
			个位	十分位	百分位
百分之二	$\frac{2}{100}$		0 .	0	2
十分之一	$\frac{1}{10}$		0 .	1	
百分之十四	$\frac{14}{100}$		0 .	1	4
百分之一百一十三	$\frac{113}{100}$		1 .	1	3

比较小数的大小时，记住小数点后边的位值是越来越小的，所以先比较靠前的数位上的数。百分位后边的那一位是千分位。千分之一是百分之一的十分之一，数值很小。

为了确保小数部分数位对齐，你需要在没有数字的位置上写 0。十分之一，或者 0.1，和 0.10 一样——因为都只有十分位，没有百分位。和 0.1 相比，我们更容易看出 0.10 是位于 0.02 和 0.14 之间的数。所以，要比较 1.3，1.25，1.287 的大小，请将它们写为 1.300，1.250，1.287。你会很容易得出：1.300 最大，1.250 最小。

世界上只有为数不多的几条官方钢架雪车赛道。它们的长度和垂直落差不同，转弯数量也不同。

国家	赛道	长度（km）	垂直落差（m）	转弯
奥地利	伊格斯	1.22	98.1	14
俄罗斯	帕拉莫诺沃	1.6	105	19
俄罗斯	索契	1.814	131.9	19
加拿大	卡尔加里	1.475	121.48	14
加拿大	惠斯勒	1.45	152	16
德国	国王湖	1.306	117	13
德国	温特尔贝格	1.33	110	14
德国	奥伯霍夫	1.069	96.37	15
德国	阿尔滕贝格	1.413	122.22	17
美国	普莱西德湖	1.455	107	20
美国	帕克城	1.34	103.9	15
瑞士	圣莫里茨	1.722	130	16
拉脱维亚	锡古尔达	1.2	111.5	16
法国	拉普拉涅	1.507	119	19
日本	长野	1.36	113	14
意大利	科尔蒂纳丹佩佐	1.35	120.45	13
挪威	利勒哈默尔	1.365	114.3	16

* km 即千米，m 即米

1 比较上面表格里前两条赛道的长度，哪条更长？

2 加拿大的两条赛道中，
（1）哪条更长？
（2）哪条垂直落差更大？
（3）哪条转弯更多？

3 德国有四条赛道，请按照从长到短的顺序排序。

4 在所有赛道中，
（1）哪一条最长？
（2）哪一条垂直落差最大？
（3）哪一条转弯最多？

任务 3

悬挂式滑翔

到目前为止，你跑过高山，在冰上滑了雪车。你的下一个任务是离开地面，飞到空中去了解悬挂式滑翔运动和滑翔伞运动。为此，你需要了解比的相关知识。

学一学 比与相似三角形

比可以用来比较两个或两个以上的事物。例如，在下面的方格图案中，每有一格黑色，就有八格白色，如下所示：

我们可以把黑格数与白格数的比写成 1∶8。

比的前项、后项同时乘或除以相同的数（0 除外），比值不变，显示的关系是相同的。例如，1∶8 与 2∶16，3∶24 甚至 100∶800 的比值相同。1∶8 是最简形式，因为它的前项、后项不再有除了 1 以外的公因数。

两边成比例且夹角相等的两个三角形相似。下图中第 2 个三角形直角的长边占了 9 个方格，第 1 个三角形直角的长边占了 6 个方格，那么两条边的比就是 9∶6。

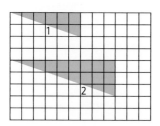

第 2 个三角形直角的短边占了 3 个方格，第 1 个三角形直角的短边占了 2 个方格，两条边的比为 3∶2。这两个三角形相似，因为它们都有一个直角，且对应的直角边的比都可以写成最简形式 3∶2。

用 $n∶1$ 的形式来比较比的大小更容易，这其中 n 可能是小数。用比中的前后项同时除以后项，就可以算出 $n∶1$，如图所示：

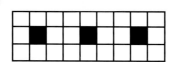

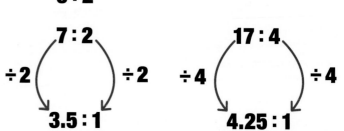

8

⟩算一算

悬挂式滑翔运动和滑翔伞运动都是用滑翔比来描述结果的。例如，每下降 1m 的同时向前滑行 12m，则该滑翔设备滑翔比为 12：1。滑翔伞的滑翔比可达到 10：1，而悬挂式滑翔机的滑翔比可达到 20：1。比较下面的比，然后回答问题。

三次滑翔伞飞行

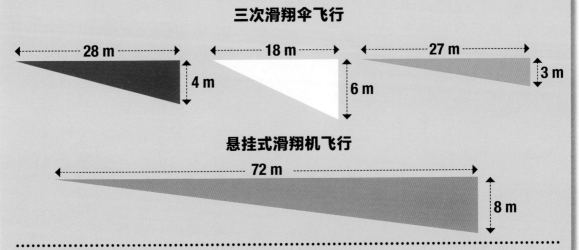

悬挂式滑翔机飞行

1 用最简形式写出每一次滑翔伞飞行的滑翔比。

2 在三次滑翔伞飞行中，哪一次的滑翔比与悬挂式滑翔机的相同，使用粉色、黄色还是蓝色所代表的那次？

3 用 n：1 的形式写出下列滑翔比。
（1）每下降 5 m，滑行 35 m。
（2）每下降 2 m，滑行 15 m。
（3）每下降 10 m，滑行 113 m。
（4）每下降 4 m，滑行 41 m。

4 问题 3 中的哪一个滑翔比在每米落差中滑行得最远？

帆板

极限帆板运动不仅仅是考验你能否快速穿越海浪，风速、你自身的体重和风帆的大小都会影响比赛结果，需要你来把控。

学一学 面积

面积是指平面或物体表面的大小。常用的面积单位有平方厘米（cm²）、平方米（m²）等。

1	2	
3	4	
5	6	
7	8	
9	10	11
12	13	14
15	16	17
	18	19

我们可以通过数整块和非整块的小方格数量来估算不规则形状的面积。要做到这一点，我们首先要数出整块小方格的数量，然后想象把那些非整块的小方格拼成若干个整块小方格，这样来估算总面积。对于左图的风帆，我们估计大约占 24 个小方格。

制作风帆时，其面积以平方米为单位进行精确计算。例如，4 m² 或 7.7 m²。

下面表格显示了不同风速下体重各异的帆板运动员所需要的最佳风帆面积。黄色部分的风帆面积实际无法使用。

风速（节）

帆板运动员体重（kg）	10	14	18	22	26	30	34	38
50	6.7	4.8	3.7	3	2.6	2.2	2	1.8
60	8	5.7	4.5	3.7	3.1	2.7	2.4	2.1
70	9.4	6.7	5.2	4.3	3.5	3.1	2.8	2.4
80	10.7	7.7	6	4.9	4.1	3.6	3.2	2.8
90	12.1	8.6	6.7	5.5	4.6	4	3.5	3.2
100	13.4	9.6	7.4	6.1	5.2	4.5	3.9	3.5
110	14.7	10.5	8.2	6.7	5.7	4.9	4.3	3.9

最佳风帆面积（m²）　　　　* kg 即千克

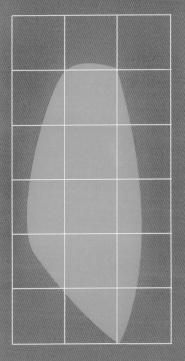

① 如果每个小方格代表 1 m²，请估算左侧蓝色风帆的面积。

② 假设风速为 22 节，对于以下体重的人来说，最佳风帆面积是多少？
（1）50 kg　（2）80 kg　（3）110 kg

③ 詹姆斯体重为 90 kg。对于以下风速来说，最佳风帆面积是多少？
（1）14 节　（2）26 节　（3）38 节

④ 帆板俱乐部有一个面积为 6.7 m² 的风帆。如果下面每名选手都在所示的条件下使用风帆，哪些选手更适合？

• 山姆，体重 50 kg，风速 18 节

• 露西，体重 70 kg，风速 14 节

• 克莱夫，体重 110 kg，风速 22 节

攀冰

攀冰者借助冰镐在巨大的冰壁上攀爬。垂直于地面或悬垂在空中的冰壁最难攀爬，坡度较平缓的则比较容易。

学一学
角与比例尺

角以度为单位。直角为 90 度，记作 90°，周角为 360°。

12

60°　　**75°**　　**90°**　　**110°**

大于 0°小于 90°的角是锐角。
介于 90°和 180°之间的角是钝角。

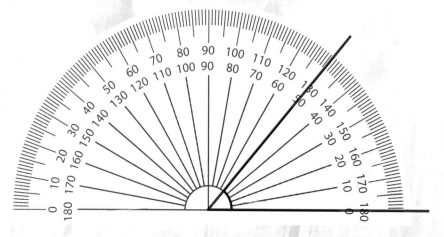

我们用量角器来测量角时，把量角器的中心和角的顶点对齐，0°刻度线与角的一条边重合，就像这样。

角度要始终从 0 读起。图中角的度数是 50°，不是 130°。

给现实生活中的物体画图时，我们要使用比例尺，例如图片中的1cm（厘米）代表实际生活中的500cm，那么比列尺就写作1：500。按比例尺绘制的图与实物应具有相同的角度。记住100cm = 1m，所以500cm = 5m。

〉算一算

根据所攀登冰壁的坡度与长度的不同，攀冰可分为不同的等级。比较下面这些图，注意它们不同的比例尺，然后回答问题。

攀冰 A
比例尺 1：100

攀冰 B
比例尺 1：800

1. 使用量角器测量图中每次攀冰的角度。

2. 从角的顶点到冰壁最高点，使用直尺测量每面冰壁的长度。将答案四舍五入到整数（单位为cm）。

3. 使用所给的比例尺算出现实生活中每次攀冰的实际长度。

4. 按从易到难的顺序给四次攀冰活动排序。

攀冰 C
比例尺 1：600

攀冰 D
比例尺 1：1000

猫跳滑雪

我们要研究的下一项极限运动是猫跳滑雪，这项运动要从布满雪包的雪道上往下滑。裁判员根据每个滑雪者的速度、转弯及空中动作来判定他们的得分。

学一学百分数

不同滑雪技巧对应的分数被赋予不同的百分比权重，以形成最终的分数。

50 是 100 的一半，所以要计算出一个数的 50%，就用它除以 2。要计算出一个数的 25%，就用它除以 4。

100%		
50%	25%	25%

要计算出某个数的 10%，就用它除以 10。要计算出某个数的 20%，就用它除以 5，或先用它除以 10，再乘 2。要计算出一个数的 60%，先用它除以 10，再乘 6。

100%		
60%	20%	20%

当计算加权*分数时，你需要知道每项分数占据的既定百分比，然后将加权后的各项分数相加，这样才能得到最终的分数。你可以使用计算器来计算。

* 加权意为乘权重。权重指评价体系中某一指标的相对重要程度，常用百分数表示。

14

〉算一算

根据以下权重计算得出最终的分数：

在第一场比赛中，各项分数的
权重如下：
转弯 50%　空中跳跃 25%
速度 25%

100%		
转弯	空中跳跃	速度

在第二场比赛中，各项分数的
权重如下：
转弯 60%　空中跳跃 20%
速度 20%

100%		
转弯	空中跳跃	速度

1 卡斯珀转弯得分为 30 分，空中跳跃得分为 20 分，速度得分为 12 分。如果他参加了：（1）第一场比赛，最终得分是多少？（2）第二场比赛，最终得分是多少？

2 哪种权重方案适合卡斯珀？

3 凯莉转弯得分为 20 分，空中跳跃得分为 28 分，速度得分为 13 分。如果她参加了：（1）第一场比赛，最终得分是多少？（2）第二场比赛，最终得分是多少？

4 哪种权重方案适合凯莉？

摩托车越野

在摩托车越野赛中，选手要使用特制的摩托车在崎岖不平的赛道上骑行。在下一项任务中，你需要找出哪些轮胎适合这项极限运动。

学一学
圆

我们通过这项挑战能够掌握有关圆的半径、直径和周长的知识。

圆的半径是连接圆心和圆上任意一点的线段，它的长度是直径长度的一半。直径是通过圆心且两端都在圆上的线段。圆周是圆的周长，即围成圆的曲线的长度。

半径 ←→

直径 ←→

周长

圆的直径和周长之间有一种特殊的关系。对于每个圆，圆的周长（C）总是直径（d）长度的固定倍数。我们把这个固定的数称为圆周率，用字母 π（pài）表示。

公式 C = πd

π 是一个无限不循环小数，在实际生活中通常只取它的近似值，即 π ≈ 3.14。

如果知道自行车轮胎在地面上转动了多少圈，你就可以用轮胎周长计算出自行车骑行的距离。想象轮胎上的一个油漆点在赛道上留下一个个印迹。

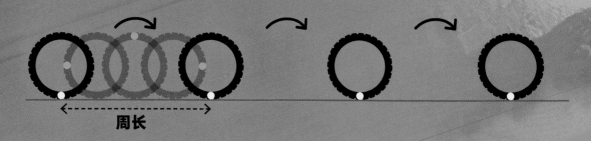

周长

⟩算一算

摩托车的前轮和后轮大小不同。发动机驱动后轮，前后车轮以不同的速率旋转。因此，一个轮子转五圈，而同时，另一个轮子可能转四圈。

- - - - 轮圈直径
- - - - 轮胎直径

车轮	轮圈直径（不带轮胎）	轮胎直径
前轮	40.6cm	53.2cm
后轮	35.5cm	49.0cm

1 （1）前轮的轮圈直径比后轮的大多少？
（2）前轮的轮胎直径比后轮的大多少？

2 取 π 为 3.14，计算以下周长，将结果四舍五入计为整数：
（1）带轮胎的前轮
（2）带轮胎的后轮

3 计算在下列条件中，摩托车的骑行距离是多远（单位为 m）：

（1）如果前轮与地面接触，在不打滑的情况下，转动 10 圈？
（2）如果后轮与地面接触，在不打滑的情况下，转动 10 圈？

4 在不离开地面且不打滑的情况下，轮胎需要转动多少圈才能前行以下距离？
（1）前轮转动前行 585.2m
（2）后轮转动前行 585.2m

洞穴探险

洞穴探险者探索纵横交错的洞穴和地下裂缝。洞穴探险可能包括绳降、在狭窄的裂缝中爬行、潜水、还有攀岩。

**学一学
平面直角坐标系和负数**

18

平面直角坐标系可分为四个区域，每个区域称为象限。坐标系的中心，即 x 轴和 y 轴交叉处，称为原点 O（0，0）。

通过给定坐标，你可以描述象限中任意一点。坐标是括号中的有序数对。第一个数表示点在 x 轴上对应的坐标，即横坐标；第二个数表示点在 y 轴上对应的坐标，即纵坐标。

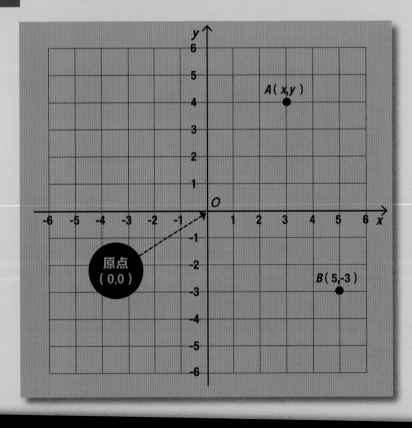

左图中，点 A（x，y）的坐标为（3，4），因为从原点起，向右移动 3 个长度单位，再向上移动 4 个长度单位就可以到达该点。

y 轴右侧所有点的横坐标都是正数，y 轴左侧所有点的横坐标都是负数。x 轴上方所有点的纵坐标都是正数，x 轴下方所有点的纵坐标都是负数。所以点 B（5，−3）在 y 轴右侧，x 轴下方。

〉算一算

运用学到的知识找出穿越洞穴的路线。

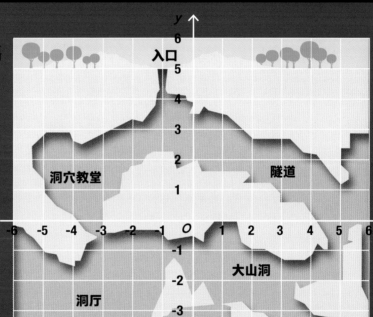

1 写出洞穴系统入口的坐标。

2 如果你处于以下坐标点,你将处于洞穴系统的哪一部分?
(1)(-4, 2)
(2)(-4, -3)
(3)(3, -5)
(4)(5, -4)
(5)(-6, -6)

3 从入口沿着这条路走,看看你的终点在哪里?
向下 2 格,向右 2 格,
向下 1 格,向右 3 格,
向下 1 格,向右 1 格,
向下 3 格,向左 3 格。

4 按照第 3 题的形式,描述一条从坐标点(2, -2)到深渊的路线。

* 1 格表示 1 个长度单位。

绳降

绳降运动是一种由参与者控制绳索从悬崖或建筑物侧面向下移动的运动。绳索固定在顶部,绳降者使用系在绳子上的安全带小心谨慎地下移。

学一学 直角三角形和正切

如果你站在高楼下面或悬崖底部附近的某个地方,就有可能算出它们的高度。

如果知道你所在的位置离悬崖底部有多远(d),并测量出你所在的地平线与悬崖顶部连线的角度($\angle A$),你就可以计算出悬崖的高度(h)。这个方法是基于我们对直角三角形的了解。

计算高度(h)的公式为:

$$h = \tan A \times d$$

正切(tan)可以在科学计算器上找到。它表示直角三角形的角和两条直角边之间的关系。

如果$\angle A$为30°,距离d为400 m,那么我们可以使用计算器键入:tan30°×400,来计算出高度(h)。

答案是一个位数很多的小数,因此需要四舍五入。我们可以把230.9401077 m四舍五入到小数点后一位,写成230.9 m。

顶部

h 悬崖

A
观察者 d 底部

〉算一算

你去了不同的地方进行绳降，做了很多测量。这些草图显示了你所进行的测量。让我们看看哪一次绳降最具挑战性。

A
h
40°
$d = 500$ m

B
h
45°
$d = 800$ m

C
h
60°
$d = 900$ m

D
h
35°
$d = 600$ m

1 算出下列物体的高度 h（答案精确到小数点后一位）：（1）摩天大楼 A（2）摩天大楼 B（3）悬崖 C（4）建筑物 D

2 哪两次绳降的下降高度相近？

3 观察画着摩天大楼 B 的草图中 d 和 h 的长度，你有什么发现？

4 哪次绳降的下降高度是：（1）最大的（2）最小的

软绳行走

软绳行走类似于走钢丝，但它是在有弹性的软绳上完成，软绳有点像一个非常窄细的蹦床。这里有世界上高度最高的软绳行走和距离最长的软绳行走纪录，以及走过软绳的速度数据。

学一学 单位换算

在比较测量值时，了解单位之间的换算关系很重要，如下所示：

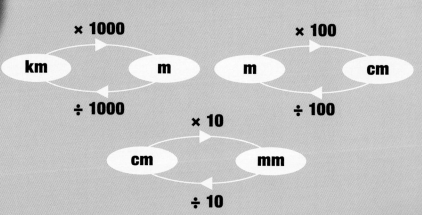

记住，要先检查进行比较的测量值的单位是否相同。在这里，它们都是不同的，但我们可以依照上面的换算关系，通过乘或除以 1000，100 或 10 来将它们全部换算成以米为单位的数值。

6 km	57300 cm	100000 mm
× 1000	÷ 100	÷ 10 再 ÷ 100
6000 m	573 m	100 m

有时长度使用英制单位（一种旧的单位系统）给出。以下是英制单位与其他单位的关系，需使用除法或乘法进行单位换算。

长度
1 英寸 ≈ 2.5 厘米
1 英尺 = 12 英寸 ≈ 30 厘米
1 码 = 3 英尺 ≈ 90 厘米
1 英里 = 1760 码 ≈ 1.6 千米

〉算一算

下面的表格是软绳行走世界纪录。高空软绳行走是指在位于高空（距离地面 10 米以上）的软绳上行走；水上软绳行走是指在位于水面（湖泊、河流、海湾）上方的软绳上行走。以下测量值的单位不同。

记录	距离	创造者	地点	日期
软绳行走最长距离（男子）	2000 英尺长	亚力山大·舒尔茨	中国内蒙古	2015.5
软绳行走最长距离（女子）	23000 厘米长	莱蒂西亚·戈农	瑞士洛桑	2014.9
高空软绳行走最高高度	1.2 千米高	安迪·刘易斯	美国内华达沙漠	2014.3
城市高空软绳行走最高高度	185 米高	莱因哈德·克林德尔	德国法兰克福	2013.5
水上软绳行走最长距离	363 码长	亚力山大·舒尔茨	德国艾布湖	2014.8
高空软绳行走最长距离（男子）	1230 英尺长	亚力山大·舒尔茨	中国阳朔	2014.11
高空软绳行走最长距离（女子）	105 米长	菲斯·迪基	美国摩押	2014.11

1 男子软绳行走的最长距离是多少？
（1）以厘米为单位（2）以米为单位

2 女子软绳行走的最长距离是多少？
（1）以米为单位（2）以千米为单位

3 高空软绳行走的最高纪录和城市高空软绳行走的最高纪录之间的差是多少（以米为单位）？

4 将水上软绳行走的最长纪录转换为以米为单位的数据。

5 （1）将男子高空软绳行走的最长纪录换算为以米为单位的数据。
（2）男子高空软绳行走的最长纪录比女子的长出多少（以米为单位）？

23

单板滑雪

你的下一个任务是评判单板滑雪 U 型场地技巧比赛。在比赛中，滑雪选手在一个 U 型赛道上做出各种技巧性动作。评分系统相当复杂，所以你一定要会计算谁能赢得比赛！

学一学 平均数、中位数和众数

平均水平是使用一个数来概括一组数。平均水平有不同的表示方法，包括平均数、中位数和众数。

要计算一组数的平均数，先求所有数的总和，然后除以数的个数。

24

例如，将 44，57，42，49，58 加在一起，然后除以数的个数 5，就可以得到它们的平均数。

$$44 + 57 + 42 + 49 + 58 = 250$$

$$250 \div 5 = 50$$ 平均数是 50。

找到中位数的方法是先把这些数按大小顺序排列，然后选择居于中间位置的数。44，57，42，49，58 按照从小到大的顺序排列为：

42，44，49，57，58 中位数是 49。

当存在大量数据且有重复的数时，可以使用众数来概括这组数据。众数是一组数中出现次数最多的数：

3, 6, 3, 5, 6, 4, 6, 3, 4, 3,
4, 6, 7, 3, 3, 3, 5, 3, 7, 8,
2, 3, 7, 1, 3, 5, 3, 6, 6, 7

3 出现的次数最多，因此众数是 3。

⟩算一算

在单板滑雪 U 型场地技巧赛中，有三到六名裁判来给选手打分，满分 100 分。如果有六名评委，我们会去掉一个最高分和一个最低分，对中间的四个分数取平均数。

裁判从下面几个方面对每位选手打分：

- 流畅性——选手在路线选择、技巧执行、落地以及整个过程中的动作这些方面的流畅性如何？
- 创造性——选手如何创造性或艺术性地使用 U 型场地？
- 技术难度——动作难度以及完成度如何？
- 动作幅度——技巧动作的高度如何？
- 风格——最难判断，但却是最重要的。

本次比赛有六名评委给出了评分，请将这些分数转换为最终分数。

姓名	J1	J2	J3	J4	J5	J6	中间四个分数的总分	算术平均数
张诗	67	73	75	78	86	70		
伊万·普洛切多夫	83	88	86	85	88	94		
大卫·詹纳	91	86	85	93	94	92		
阿姆鲁·萨尔吉	86	89	87	88	90	88		
安德烈亚斯·舒尔茨	94	95	92	95	98	95		
凯尔·罗伯逊	96	98	96	97	97	95		

① 对于每个参赛者，去掉评委的最高分和最低分，求中间四个分数的总分。

② 将上题中的总分数分别除以 4，得出平均数，保留两位小数。

③ 由高到低对平均数排序，从而获得排名名单，分数最高的选手为第一名。

④ 赢得金牌、银牌、铜牌的分别是哪些运动员？

尾波滑水

尾波滑水运动要在水面上驾驭滑板。滑水者通常是在牵引艇的牵引下进行滑水，滑行速度为 30—40 千米 / 小时，速度大小具体取决于滑板尺寸、滑水者的体重、技巧类型和设备舒适度。

学一学 角度和速度

做尾波滑水运动时，你站在滑板上面，可以带动滑板一起翻转。

角以度为单位，四分之一圈为 90°，半圈为 180°，一整圈为 360°。

26

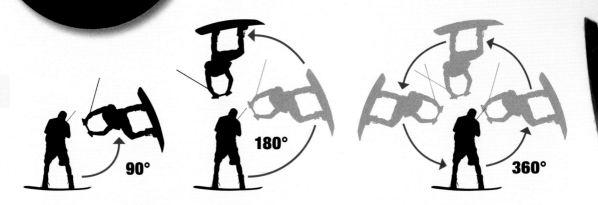

90°   180°   360°

牵引艇的速度通常以千米 / 小时（km/h）或英里 / 小时（mph）为单位。1 英里约等于 1.6 千米。请运用以下公式在单位之间进行大致的转换：

英里 / 小时 × 1.6 = 千米 / 小时	**千米 / 小时 ÷ 1.6 = 英里 / 小时**

你口算（就是心算）时，把 1.6 变成 $\frac{8}{5}$，用下面的公式更容易：

英里 / 小时 ÷ 5 × 8 = 千米 / 小时	**千米 / 小时 ÷ 8 × 5 = 英里 / 小时**

例如：

35 英里/小时 ÷ 5 = 7, 7 × 8 = 56 千米/小时

88 千米/小时 ÷ 8 = 11, 11 × 5 = 55 英里/小时

根据下面这段尾波滑水者的讲述来回答有关技巧和速度的问题。

"一开始，牵引艇的初始速度为 20 英里 / 小时，随后加速到 40 千米 / 小时左右，这样我可以做一些翻转动作。我首先做了一个正转 360°，也就是在空中从我的正面向船体的方向转 360°。然后我做了一个反转 540°，也就是在空中我的背朝向船体的方向转 540°。接着又做了一个反转 720°。我尝试了一个无轴转体 900° 旋转，当我旋转时，我的尾波板高于肩膀，但是这次不太成功。接下来我做了一个"变形"，即在一个方向上转动 90°，然后再反向转动 90°。我的目标是在空中完成转体 1080°，我仍在朝目标努力。"

27

1 如果以千米 / 小时为单位，牵引艇的初始速度是多少？

2 牵引艇的速度后来提升到每小时多少英里？

3 下列选项相当于多少个四分之一圈？（1）"变形"的第一部分（2）正转 360°

4 下列选项相当于转了多少个半圈？（1）正转 360°（2）反转 540°（3）反转 720°

5 下列选项相当于转了多少圈（答案可以是分数）？（1）反转 540°（2）反转 720°（3）无轴转体 900°（4）转体 1080°

参考答案

4—5 天空跑

1. 66＋66＋64＋62＋68＝326（分）

2. 20＋64＋4＋78＋82＝248（分）
   弗朗西斯的总积分更高。

3. 山姆 64 分，乔 38 分，弗朗西斯 62 分，阿里 6 分，亚历克斯 2 分，杰米 4 分。

4. 山姆 332 分，乔 332 分，弗朗西斯 264 分，阿里 280 分，亚历克斯 354 分，杰米 244 分。

5. 亚历克斯是冠军。

6—7 钢架雪车

1. 帕拉莫诺沃（1.60 km）比伊格斯（1.22 km）长。

2. （1）卡尔加里更长。
   （2）惠斯勒的垂直落差更大。
   （3）惠斯勒有更多的转弯。

3. 阿尔滕贝格（1.413 km）、
   温特尔贝格（1.330 km）、

国王湖（1.306 km）、
奥伯霍夫（1.069 km）。

4. （1）索契（1.814 km）。
   （2）惠斯勒（152 m）。
   （3）普莱西德湖（20 个转弯）。

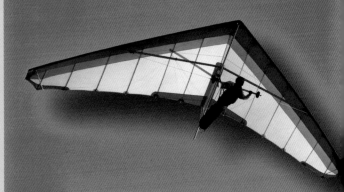

8—9 悬挂式滑翔

1. 28：4＝7：1　18：6＝3：1
   27：3＝9：1

2. 72：8＝9：1，与悬挂式滑翔机有相同滑翔比的是用蓝色三角形表示的那次。

3. （1）35：5＝7：1
   （2）15：2＝7.5：1
   （3）113：10＝11.3：1
   （4）41：4＝10.25：1

4. （3）滑行最远，
   比为 11.3：1。

10—11　帆板

1. 大约在 7 m² 到 8 m² 之间。

2.（1）3m²　（2）4.9m²
　（3）6.7m²

3.（1）8.6m²　（2）4.6m²
　（3）3.2m²

4. 露西和克莱夫。

12—13　攀冰

1.（1）65°　（2）90°
　（3）85°　（4）105°

2.（1）7cm　（2）5cm
　（3）6cm　（4）5cm

3.（1）7×100＝700（cm）＝7m
　（2）5×800＝4000（cm）＝40m
　（3）6×600＝3600（cm）＝36m
　（4）5×1000＝5000（cm）＝50m

4. A、C、B、D

14—15　猫跳滑雪

1.（1）50%×30＋25%×20＋
　25%×12＝23（分）
　（2）60%×30＋20%×20＋
　20%×12＝24.4（分）

2. 第二场比赛。

3.（1）50%×20＋25%×28＋
　25%×13＝20.25（分）
　（2）60%×20＋20%×28＋
　20%×13＝20.2（分）

4. 第一场比赛。

16—17　摩托车越野

1.（1）40.6－35.5＝5.1（cm）
　（2）53.2－49.0＝4.2（cm）

2.（1）3.14×53.2≈167（cm）
　（2）3.14×49.0≈154（cm）

3.（1）10×1.67＝16.7（m）
　（2）10×1.54＝15.4（m）

4.（1）585.2÷1.67≈350（圈）
　（2）585.2÷1.54＝380（圈）

3. d 和 h 长度相等。这是因为这个三角形是等腰三角形，它的三个内角分别为 45°、45° 和 90°。

4.（1）C 最大，为 1558.8 m。
（2）A 最小，为 419.5 m。

18—19　洞穴探险

1.（-1，5）

2.（1）洞穴教堂　（2）洞厅
（3）地道　　　（4）堵头
（5）深渊

3. 在点（2，-2）处，
这部分被称为"大山洞"。

4. 答案不唯一，可以向左移动 2
格，向上移动1格，向左移动3格，
向下移动 3 格，向左移动 1 格，向
下移动 2 格，向左移动 1 格。

22—23　软绳行走

1.（1）2000 × 30 = 60000（厘米）
（2）60000 ÷ 100 = 600（米）

2.（1）23000 ÷ 100 = 230（米）
（2）230 ÷ 1000 = 0.23（千米）

3. 1.2 千米 = 1200 米
1200 -185 = 1015（米）

4. 1 码 ≈ 0.9 米
363 × 0.9 = 326.7（米）

5.（1）1230 ÷ 3 = 410（码）
410 × 0.9 = 369（米）
（2）369 - 105 = 264（米）

20—21　绳降

1.（1）tan 40° × 500 ≈ 419.5（m）
（2）tan 45° × 800 = 800.0（m）
（3）tan 60° × 900 ≈ 1558.8（m）
（4）tan 35° × 600 ≈ 420.1（m）

2. A、D

24—25　单板滑雪

1. 张诗：296 分

   伊万·普洛切多夫：347 分

   大卫·詹纳：362 分

   阿姆鲁·萨尔吉：352 分；

   安德烈亚斯·舒尔茨：379 分

   凯尔·罗伯逊：386 分

2. 张诗：296 ÷ 4 = 74.00

   伊万·普洛切多夫：347 ÷ 4 = 86.75

   大卫·詹纳：362 ÷ 4 = 90.50

   阿姆鲁·萨尔吉：352 ÷ 4 = 88.00

   安德烈亚斯·舒尔茨：379 ÷ 4 = 94.75

   凯尔·罗伯逊：386 ÷ 4 = 96.50

3. 凯尔·罗伯逊：96.50 分

   安德烈亚斯·舒尔茨：94.75 分

   大卫·詹纳：90.50 分

   阿姆鲁·萨尔吉：88.00 分

   伊万·普洛切多夫：86.75 分

   张诗：74.00 分

4. 凯尔·罗伯逊获得金牌，

   安德烈亚斯·舒尔茨获得银牌，

   大卫·詹纳获得铜牌。

26—27　尾波滑水

1. 20 × 1.6 = 32（km/h）

2. 40 ÷ 1.6 = 25（mph）

3.（1）一个四分之一圈

　（2）四个四分之一圈

4.（1）两个半圈

　（2）三个半圈

　（3）四个半圈

5.（1）$540 ÷ 360 = 1\frac{1}{2}$（圈）

　（2）$720 ÷ 360 = 2$（圈）

　（3）$900 ÷ 360 = 2\frac{1}{2}$（圈）

　（4）$1080 ÷ 360 = 3$（圈）

图书在版编目（CIP）数据

"算出"数学思维 / （英）安妮·鲁尼，（英）希拉
里·科尔，（英）史蒂夫·米尔斯著；肖春霞等译 . --
福州 : 海峡书局 , 2023.3
　　ISBN 978-7-5567-1033-1

　　Ⅰ . ①算… Ⅱ . ①安… ②希… ③史… ④肖… Ⅲ .
①数学－少儿读物 Ⅳ . ① O1-49

中国国家版本馆 CIP 数据核字 (2023) 第 018758 号
著作权合同登记号　图字：13—2022—059 号

GO FIGURE series: a maths journey around extreme sports

Text by Hilary Koll and Steve Mills

First published in 2016 by Wayland

Copyright © Hodder and Stoughton, 2016

Wayland is an imprint of Hachette Children's Group, an Hachette UK company.

Simplified Chinese translation edition is published by Ginkgo (Shanghai) Book Co., Ltd.

本书中文简体版权归属于银杏树下（上海）图书有限责任公司